BEI GRIN MACHT SICH IHR WISSEN BEZAHLT

- Wir veröffentlichen Ihre Hausarbeit, Bachelor- und Masterarbeit

- Ihr eigenes eBook und Buch - weltweit in allen wichtigen Shops

- Verdienen Sie an jedem Verkauf

Jetzt bei www.GRIN.com hochladen und kostenlos publizieren

Bibliografische Information der Deutschen Nationalbibliothek:

Die Deutsche Bibliothek verzeichnet diese Publikation in der Deutschen National-
bibliografie; detaillierte bibliografische Daten sind im Internet über http://dnb.d-
nb.de/ abrufbar.

Impressum:

Copyright © 2015 GRIN Verlag, Open Publishing GmbH
Druck und Bindung: Books on Demand GmbH, Norderstedt Germany
ISBN: 9783668582750

Dieses Buch bei GRIN:

http://www.grin.com/de/e-book/380398/ernaehrungsberatung-mithilfe-des-grow-
modells-selbstmanagement-und-coachingprozesse

Carla Ribeiro

Ernährungsberatung mithilfe des GROW-Modells. Selbstmanagement und Coachingprozesse

GRIN Verlag

Deutsche Hochschule für
Prävention und Gesundheitsmanagement

Fachmodul: Ernährungspsychologie

Studiengang: Bachelor in Ernährungsberatung

Name, Vorname

Ribeiro, Carla

Thema: **Durchführung einer Ernährungsberatung unter Einbezug des GROW-Modells**

Inhaltsverzeichnis

1 Einleitung

1.1 Allgemeine und biometrische Daten

Die Nachfolgenden Daten beziehen sich auf eine reellen Person dessen Namen aus Datenschutzgründe hier nicht genannt wird.

Tab. 1: Allgemeine Daten (Digitalisierung der handschriftlich erfassten Daten)

Persönliche Daten	
Datum:	27.Februar 2015
Name, Vorname	▮▮▮▮▮▮▮▮
Geschlecht	männlich
Alter	32 Jahre
Straße, Nr.	▮▮▮▮▮▮▮▮
PLZ, Wohnort	▮▮▮▮▮▮▮▮
Telefon	▮▮▮▮▮▮▮▮
Handy	▮▮▮▮▮▮▮▮
Email	▮▮▮▮▮▮▮▮
Familienstand / Kinder	Verheiratet / keine Kinder
Daten zur beruflichen Situation	
Beruf (seit wann)	Arzt seit 4 Jahren
Beweglichkeit	Überwiegend sitzend ☐
	Überwiegend stehend ☐
	Überwiegend in Bewegung ☒
Arbeitszeit	5-6 Tag(e) / Woche
	9-12 Stunde(n) / Tag
Arbeitsbelastung	niedrig ☐ mittel ☐ hoch ☒
Gesundheit	
Rauchen Sie?	ja ☐ nein ☒ selten/wenig ☐
Bluthochdruck	niedrig ☐ normal ☐ hoch ☒ unbek. ☐

Orthopädische Erkrankungen		ja	nein	Familie
	Bandscheibenvorfall	☐	☒	☐
	Skoliose	☐	☒	☐
	Arthritis	☐	☒	☐
	Osteoporose	☐	☒	☐
	Morbus Scheuermann	☐	☒	☐
	Fehlstellungen	☐	☒	☐
	Sonstiges: _________________			

Zurzeit in ärztlicher Behandlung	ja ☐ nein ☒
	Wenn ja, wo und seit wann? _________________

Zurzeit in physiotherapeutischer Behandlung	ja ☐ nein ☒
	Wenn ja, wo und seit wann? _________________

Internistische Erkrankungen		ja	nein	Familie
	Diabetes I oder II	☐	☒	☐
	Asthma	☐	☒	☐
	Bronchitis	☐	☒	☐
	Schilddrüsefehlfunktion	☐	☒	☐
	Herzinfarkt	☐	☒	☐
	Schlaganfall	☐	☒	☐
	Sonstiges _________________________			

Gesundheit

Operationen	ja ☐ nein ☒
	Wenn ja, welche: _________________

Medikamenteneinnahmen	ja ☐ nein ☒
	Wenn ja, welche: _________________

Letzter Check-Up / Blutuntersuchung beim Arzt	<u>09.</u> <u>März</u> <u>2014</u> Tag Monat Jahr Auffällig ☐ Unauffällig ☒

Sportliche Betätigung

Zurzeit sportlich aktiv	ja ☐ nein ☐ selten/wenig ☒

Aktuelle sportliche Aktivitäten	Aktivitäten	Leistungsstufe	Seit wann?	Wie oft?	Wie lange?
	Fitnessstudio (Krafttraining am Gerät)	Fortgeschritten	2 Jahre	1-2 x / Woche	1 - 1,5 Std.

Zeitbudget	Traingshäufigkeit / Woche:	1 x	Woche
	Trainingsdauer / Einheit: ca.	1,5	Stunde/n

<table>
<tr><td colspan="2">Ziele</td></tr>
<tr><td>Wünsche / Ziele</td><td>☐ Muskelaufbau
☒ Körperlicher Wohlbefinden
☒ Gewichtsreduktion
☐ Mehr Ausdauer
☐ Mehr Beweglichkeit
☐ Schmerzlinderung
☐ Ausgleich zum Beruf
Sonstiges: <u>wieder Freude am Essen</u></td></tr>
<tr><td colspan="2">Persönlichkeit</td></tr>
<tr><td>Einschätzung der eigene
Persönlichkeit</td><td>☐ Selbstbewusst   ☐ Pessimist
☒ Optimist   ☐ Verschlossen
☒ Zuversichtlich   ☐ Unausgeglichen
☒ Ehrgeizig   ☒ Beeinflussbar
☐ Reflektiert   ☐ Selbstzweifel
☒ Zielstrebig   ☐ Schnelles Aufgeben
☐ Sonstiges: _______________</td></tr>
</table>

Tab. 2:   Biometrische Daten (Digitalisierung der handschriftlich erfassten Daten)

Biometrische Daten		Norm	Bewertung
Geschlecht	Männlich	/	/
Gewicht	90 Kilogramm	/	/
Körpergröße	186 cm	/	/
Body-Mass-Index	BMI = Kg : m² BMI = 26,01	18,5 – 24,9 (vgl. Tab. 8)	Übergewicht
Taille-Hüft-Quotient	THQ=Taille:Hüfte THQ = 90 : 110 = 0,82 m	> 94 cm (vgl. Tab. 7)	Normal
Körperfettanteil %	BIA -Analyse = 19,4%	8 – 20% (vgl. Tab. 9)	Normal
Herzfrequenz in Ruhe	66 HF	60-80 (vgl. Tab. 10)	Normal
Blutdruck	141 / 89 mmHg	Unter 139 / 89 mmHg (vgl. Tab. 6)	Hypertonie Stufe I

<u>Charakterisierung des Klienten</u>

Der Klient ist Chirurg und arbeitet täglich zwischen 9 und 12 Stunden. Viermal im Monat hat er einen vierundzwanzig stündigen Dienst. Wenn diese Dienste am Wochenende stattfinden arbeitet der Klient somit 6 Tage durchgängig. Die Arbeit macht ihm zum Großteil Spaß und wird von ihm nicht als belastend empfunden. Sie ist jedoch trotzdem häufig anstrengend und stressig. Hinzukommt, dass eine zu festen Zeiten terminierte Nahrungsaufnahme nicht möglich ist, da manche Operationen 10 Stunden am Stück andauern.

Privat lebt er mit seiner Frau zusammen. Der Klient hat keine Kinder. Vor vier Monaten sind beide berufsbedingt umgezogen. Durch den Umzug und durch die vielen Vorstellungsgespräche, die er im Vorfeld deutschlandweit hatte, ist es ihm seit einem halben Jahr nicht möglich gewesen regelmäßig Sport zu treiben. Er kocht gerne mit seiner Frau und genießt die freien Abende auf der Couch. Meist wird dabei noch spät abends eine Flasche Wein aufgemacht und dabei Fernsehen geschaut. Da beide so wenig Zeit miteinander verbringen, wird der Aufwand beim Kochen so gering wie möglich gehalten. Häufig gibt es aus diesem Grund Nudeln oder andere hochkalorische Gerichte. An anderen Abenden gehen beide auch gern in ein Restaurant. Dabei wird gut bürgerliche Küche bevorzugt. Der Klient und seine Frau sind ein sehr geselliges Paar. So werden regelmäßig Freunde zum Essen eingeladen. Auch dabei werden meist hochkalorische Speisen verzehrt.

Insgesamt ist mein Klient ein sehr zufriedener und ausgeglichener Mensch. Mit seiner Figur ist er aktuell jedoch sehr unzufrieden. Angefangen hat alles vor vier Jahren mit seinem Berufseinstieg. Seither hat er 8 Kg zugenommen. Davor war er immer sehr sportlich und hat sehr viel Wert auf seine Figur gelegt. Jetzt fühlt er sich meistens zu schlapp und zu müde um abends noch Sport zu machen und seine Arbeit, so meint er, erlaubt keine gesunde und regelmäßige Nahrungsaufnahme. Häufig „stopft" er sich zwischen den Operationen ein paar Kekse rein um nicht zu Hungern. Der Klient ist generell viel und gerne Süßigkeiten. Das Kantinenessen bietet nur geringe Auswahl. Der Salat dort schmeckt ihm nicht. So werden dort häufig schnell hochkalorische und fettreiche Nahrungsprodukte durch ihn verzehrt. Eine Diät hat er auch schon probiert. Jedoch hatte er durch diese extremen Hunger und Kopfschmerzen bei den Operationen, so dass er damit schnell wieder aufgehört hat. Hinzukommt, dass der Klient maximal einen Liter Wasser am Tag trinkt. Dabei werden zuckerhaltige Softdrinks bevorzugt.

Der Klient isst gerne ausgewogene und frische Produkte. Jedoch dauert ihm die Zubereitung zu lange. Seine Frau kann das nicht für ihn kompensieren da auch sie durch ihren Beruf ebenso sehr stark eingebunden ist.

Bis auf einen grenzwertig hohen Blutdruck und leichtes Übergewicht bestehen bei ihm keine gesundheitlichen Auffälligkeiten.

1.2 Beschreibung der Situation / Problem / Änderungswunsch

Wie oben schon beschrieben ist der Klient zeitlich sehr eingebunden und hat nach seiner Arbeit ein sehr hohes Ruhebedürfnis. Insgesamt ist er mit seiner körperlichen Verfassung jedoch sehr unzufrieden und traurig. Nahrungsaufnahme erfolgt bei ihm inzwischen immer mit schlechtem Gewissen und meist mit wenig Genuss. Bedingt durch seinen Beruf als Arzt ist ihm bewusst, dass er sich nicht ausgewogen ernährt und das sein Ernährungsverhalten langfristig zu gesundheitlichen Problemen führen wird. Allerdings fühlt er sich hilflos, da er nicht weiß wie er seine Situation ändern kann. Insbesondere verstärkt sich die Situation dadurch, dass auch seine Frau ebenfalls einen sehr anstrengenden Beruf hat und dies nicht für ihn kompensieren kann. Auch sie hat in den letzten Jahren etwas zugenommen.

Da er nicht weiß wie er diese Situation lösen kann, hat er sich nun an den Coach gewandt. Er möchte gern wieder zu seinem Ursprungsgewicht zurück und zusätzlich den Spaß am Essen wiederfinden. Wichtig ist ihm, dass die Ernährungsumstellung nicht zu restriktiv aufgebaut wird und flexibel und individuell nach seinem Berufsleben ausgerichtet ist.

2 Coaching Prozess

2.1 Definition GROW-Modell

Das GROW-Modell ist eine Methode des Coachings, die keine direkten Lösungsvorschläge bietet, sondern alle vorhanden Kräfte und Potentiale eines Klienten so optimiert, so dass seine Fähigkeiten zum Selbstmanagement kontinuierlich verbessert werden. Dieses Modell dient generell im Coaching Bereich dazu private als auch berufliche Probleme zu lösen. Somit ist im Gegensatz zu einer Beratung beim Coaching das Ziel, dass der Klient durch Erlernen von Mechanismen in die Lage versetzt wird seine Probleme selbst zu lösen (Pieter und Brieske, 2013, S.206-207).

Dabei Gliedert sich das GROW Modell in 4 Phasen (Whitmore, 1994; zitiert nach Pieter und Brieske, 2013, S.206-207):

- **GOAL** / Festlegung des Ziels
- **REALITY** / Realitätsprüfung
- **OPTIONS** / Optionen und Strategien
- **WHAT** / Was wird gemacht
- Ergänzende 5. Phase GAP (Fuchshuber, 2001; zitiert nach Pieter und Brieske, 2013, S.221)

Das GOAL ist die erste Phase innerhalb des GROW-Modells. Dabei gilt es ein Endziel sowie Prozessziele zu definieren, die Zwischenabschnitte und Erfolgskontrollen darstellen (Pieter und Brieske, 2013, S.207-208). Die Prozessziele sollten dabei „SMART" sein, was bedeutet, dass diese spezifisch, messbar, attraktiv, realistisch und terminiert sind (Whitmore, 1994; zitiert nach Pieter und Brieske, 2013, S.208).

Im Rahmen der Realitätsprüfung REALITY wird die Machbarkeit der im Vorfeld definierten Ziele generell und im Bezug auf die Lebensführung des Klienten geprüft. In dieser Phase erörtert der Klient eigenständig, mit Hilfe gezielter Fragestellung durch den Coach, an welchem Punkt er sich gerade befindet und welche Schritte er gehen muss, damit er sein Endziel erreichen kann. Dabei ist es wichtig den „Ist" Zustand des Klienten so genau wie möglich zu analysieren. Sollte hierbei herauskommen, dass die Machbarkeit nicht gegeben ist, muss ein Schritt zurückgegangen werden und erneut Ziele definiert werden. Das Goalsetting und die anschließende Realitätsprüfung können somit als ein Prozess der Zieldefinition angesehen werden (Pieter und Brieske, 2013, S.209-212). Der Coach sollte dabei Fragen mit „Was", „Wann", „Wo" , "Wer", „Wie viel" beginnen und Fragen mit „Warum" und „Wie" vermeiden, da diese eine Abwehrreaktion beim Klienten hervorrufen können (Whitmore, 2006, S.79).

Im nächsten und dritten Schritt OPTIONS geht es darum, dass der Klient im Zusammenarbeit mit dem Coach Ideen entwickelt wie er seine Probleme lösen kann. Dabei ist es wichtig, dass der Klient diese Optionen im Rahmen eines Brainstormings selbständig entwickelt und diese unabhängig von der Machbarkeit und ohne Wertung festgehalten werden. Es geht nicht darum direkt eine Lösung für das Problem zu finden sondern eine breite Palette von Lösungen zu erarbeiten und somit den Klienten von eine problemorientierte Wahrnehmung zu einem lösungsorientieren Denken zu bewegen. Der Coach verwendet dabei Fragen wie zum Beispiel: „*Was wäre wenn das Problem lösbar wäre?*" oder „*Was würden sie einem Freund empfehlen der in der gleichen Situation ist wie Sie?*" (Pieter und Brieske, 2013, S.213-215).

Abschließend wird durch den Klienten in der Phase des WHAT genau festgelegt welche Herangehensweise gewählt wird und welche Maßnahmen konkret festgelegt werden. Wichtig ist, dass auch in dieser Phase von Seiten des Coachs dem Klienten immer die Wahlfreiheit gelassen wird, welche Strategie letztendlich bevorzugt wird. Fragen im Rahmen des WHAT sind: „*Was werden Sie tun?*" sowie „*Auf welche Hindernisse werden Sie stoßen?*" (Pieter und Brieske, 2013, S.218-220).

Ergänzt wurde das GROW Modell durch Fuchshuber durch eine 5. Phase: GAP (Fuchshuber, 2001; zitiert nach Pieter und Brieske, 2013, S.221). Beim GAP geht es im Anschluss an die 4 bereits beschrieben Phasen darum die Prozessziele und das Endziel hinsichtlich des bereits eingetreten Fortschritts zu reevaluieren. Es wird evaluiert warum der Klient seine Ziele nicht erreicht hat und wic weit er von seiner Zielsetzung abweicht. Um den Klienten nicht zu demotivieren werden ggf. an dieser Stelle neue erreichbarere Ziele definiert (Pieter und Brieske, 2013, S.221-222).

2.2 Definition GROW-Modell - Praxisbezogen

<u>Sitzung 1 GOAL: 1 Std 30 Min (28.02.2015)</u>

Die Beratungssitzung GOAL fängt mit der Begrüßung des Klienten an. Dadurch, dass der Klient und der Coach sich bereits kennen, sind beide per „Du". Es wird der Ablauf der Sitzung und grob die Zusammenarbeit für die nächsten Tage besprochen. Die Erwartungen an die heutige Sitzung und die langfristigen Erwartungen an das Konzept werden vom Coach erfragt worauf sich schon erste Ziele ergeben. Während des Coaching Prozesses werden Fragen wie „*Was möchtest du genau erreichen....*", „*Was möchtest du mindestens erreichen?*", „*Bis wann willst du dein Ziel erreichen?*" und „*Gibt es noch andere wichtige Ziele?*" gestellt um Endziele und Prozessziele des Klienten zu definieren. Dabei wurde immer darauf geachtet das die Ziele die Eigenschaften „SMART" (Whitmore, 1994; zitiert nach Pieter und Brieske, 2013, S.208) aufweisen. Das ermittelte Endziel des Klienten ist eine Gewichtsabnahme von 8 Kg über 15 Wochen. Als Prozessziel wird eine wöchentliche Gewichtsabnahme von circa 0,5 Kg festgelegt. Als weiteres Prozessziel soll der Klient sich regelmäßig ein Lebensmittel gönnen, das ihm besonders viel Freude bereitet. Dieses wird entsprechend dann flexibel in den Ernährungsplan integriert. Folgende Formulierungen wurden festgehalten:

<u>Endziel</u>: *„Am 15.06.2015 (in 15 Wochen) fahre ich mit meinen sportlichen Jungs auf Segelregatta nach Südfrankreich und werde bis dahin 8 Kilogramm abnehmen damit ich körperlich/äußerlich mithalten kann."*

<u>Prozessziel</u>: *„Ich werde meine Ernährung umstellen und 0,5 Kilogramm pro Woche abnehmen indem ich täglich frische Produkte zu mir nehme bis ich in 15 Wochen mein Zielgewicht erreicht habe. Ich werde mich immer samstags morgens wiegen und bei Erreichung von mindestens 0,5 Kilogramm/Woche werde ich mich belohnen indem ich eine tolle Flasche Wein am Abend mit meiner Frau trinke."*

Am Ende der Beratungssitzung GOAL verabschieden sich beide Parteien und vereinbaren in 3 Tagen die nächste Sitzung.

<u>Sitzung 2 REALITY: 1 Std 45 Min (03.03.2015)</u>

Die Beratungssitzung REALITY fängt mit der Begrüßung des Klienten an. Die erarbeiteten Prozessziele und das Endziel werden vom Coach dargestellt und wieder ins Gedächtnis gerufen. In dieser Phase erörtert der Klient eigenständig, mit Hilfe gezielter Fragestellung durch den Coach, an welchem Punkt er sich gerade befindet und welche Schritte er gehen muss, damit er sein Endziel erreichen kann. Während der Sitzung werden gezielt Fragen gestellt zur Darstellung seiner Situation wie *„Was ist eigentlich das Problem?"*, *„Was soll so bleiben wie es ist?"* und Fragen zur Ausarbeitung seiner Situation wie *„Was denkst du in der Situation?"*, *Was hast du bisher dafür getan?"* und *„Was hat deine Frau bisher dafür getan"*. Bei der Frage des Coachs *„Auf einer Skala von 1-10, wie hinderlich ist deine Arbeit zur Erreichung deines Zieles?"* wurde diese mit 9 vom Klienten angegeben. Innerhalb des Gesprächs wird auf dieses Thema ein besonderer Fokus gesetzt. Zusätzlich bekommt der Klient die Aufgabe bisher vorgenommene Diätversuche jeweils einzeln auf Moderationskarten zu notieren. Diese Karten bilden die Grundlage für die nächste Sitzung.

Die im GOAL definierten Ziele sind trotz der hohen Arbeitsbelastung als realistisch anzusehen. Somit müssen der Coach und der Klient hier keine Ziele neu anpassen.

Am Ende der Beratungssitzung REALITY verabschieden sich beide Parteien. Das nächste Treffen findet 3 Tage später statt.

<u>Sitzung 3 OPTIONS: 3 Std (06.03.2015)</u>

Die Beratungssitzung OPTIONS fängt mit der Begrüßung des Klienten an. In dieser Sitzung entwickelt der Klient Ideen wie er seine Ziele umsetzen wird. Die Versuche die der Klient bisher unternommen hat, wurden in der vorherigen Sitzung aufgeschrieben und dienen nun als Grundlage für das heutige Brainstorming. Hierbei handelt es sich um eine Ideensammlung die mittels Zurufabfrage erhoben wird. Diese Form des Sammelns unterliegt genau definierten Regeln: Kritik ist verboten denn jede Idee ist willkommen. Das Aufgreifen und Weiterentwickeln von Ideen ist erwünscht. Dabei geht es vorerst um Quantität statt um Qualität (Pieter, 2013, S. 111-113).

Beim Thema Arbeit stößt der Coach immer wieder auf negative Vorannahmen die der Klient als unlösbar empfindet, deshalb werden während des Ideensammelns vom Coach zusätzlich unterstützende Fragen zur Entwicklung von Ideen gestellt wie: *„Was hat in solche Situationen bisher am meisten geholfen?"* und *„Was könnte getan werden, um das Problem noch zu verschlimmern?"*.

Nach der Sammlung von Lösungsmöglichkeiten werden diese nach den persönlichen Vorlieben des Klienten in einer Rangliste festgehalten. Diese Maßnahmen werden dann erneut tabellarisch nach Umsetzbarkeit, Konsequenzen, Wirksamkeit und Kosten-Nutzen überprüft.

Im Folgenden plant er:

- 15 Minuten früher aufzustehen um ausgewogen zu frühstücken.
- Essen für die Arbeit am Vorabend vorbereiten damit er Essen mitnehmen kann, das ausgewogen ist und ihm schmeckt.
- zwei gemeinsame Kochtage mit der Frau festlegen, bei denen Kochen als gemeinschaftliche Aktivität dient und gleichzeitig ausgewogen gekocht wird. Essen soll Spaß machen und gleichzeitig ein gemeinschaftliches Hobby werden.
- Regelmäßige gemeinschaftliche Ausflüge auf Erzeugermärkte und Bauernhöfe mit dem Zweck gesunde und nachhaltig erzeugte Nahrungsprodukte einzukaufen.
- Rezeptzusammenstellung als Vorlage für Einkäufe der kommenden Woche.
- Er möchte regelmäßig mit der Frau Sport machen.

Am Ende der Beratungssitzung OPTIONS verabschieden sich beide Parteien. Ein weiterer Termin wird in 3 Tagen festgelegt.

<u>Sitzung 4 WHAT: 1 Std (09.03.2015)</u>

Die Beratungssitzung WHAT fängt mit der Begrüßung des Klienten an. In dieser Sitzung werden die Maßnahmen aus der vorherigen Sitzung konkretisiert. Es wird genau festgelegt welche Herangehensweise gewählt wird und welche Maßnahmen konkret festgelegt werden. Dabei stellt der Coach unterstütze Fragen wie: *„Was wirst du tun?"*, *„Wann wirst du damit anfangen?"*, *„Auf welche Hindernisse wirst du stoßen?"*, *„Wer muss es wissen?"* sowie *„Wer wird dich dabei unterstützen?"*. All diese Antworten werden schriftlich festgehalten und dienen als Fahrplan für den Klienten. (Vgl. Tab. 3).

Zusätzlich dazu händigt der Coach LowCarb und kalorienarme Rezepte aus dem Bereich der Mediterranen Küche aus damit die Auswahl an Lebensmittel nicht zu sehr eingeschränkt ist. Jedoch soll der Anteil an komplexen Kohlenhydrate am Mittag erhöht werden (z.B. zusätzlich eine Portion Vollkornreis), damit die langen chirurgischen Eingriffen ohne zu großes Hungern überstanden werden.

Am Ende der Beratungssitzung WHAT verabschieden sich beide Parteien und vereinbaren in 6 Wochen die nächste Sitzung.

<u>Sitzung 5 GAP: 1 Std 30 Min (20.04.2015)</u>

Die Beratungssitzung GAP fängt mit der Begrüßung des Klienten an. Nach kurzem Austausch des momentanen Befindens des Klienten, überprüft der Coach inwieweit die Ziele bisher erreicht wurden. Dabei stellt er Fragen wie: *„Ist dein Ziel noch attraktiv genug?"*, *„Waren die Maßnahmen die wir zusammengestellt haben passend?"* und *„Wie motiviert bist du noch dein Ziel zu erreichen?"*. Der Klient hat es geschafft 6 Wochen nach der letzten Sitzung seine Prozessziele zu erreichen. Bisher hat er 5 Kilogramm abgenommen. Er ernährt sich ausgewogener und hat den Spaß an gesunder Ernährung und Bewegung wiedergewonnen. Fast jeden Samstag wird in der Umgebung mit dem Fahrrad ein neuer Weinhof, ein Bauernhof oder ein Erzeugermarkt besucht. Die Ernährung konnte er erfolgreich umstellen. Jedoch ist die lange Nahrungskarenz bei längeren chirurgischen Eingriffen immer noch ein Problem, so dass danach ein Heißhunger entsteht. Der Klient hat jetzt aber als Snack für Zwischendurch immer Nüsse in seinem Spint.

Am Ende der Beratungssitzung GAP verabschieden sich beide Parteien und vereinbaren eine erneute Sitzung in circa 7 Wochen zur Überprüfung des Endziels.

2.3 Maßnahmenplan zum Verhaltenstraining

Tab. 3:   Maßnahmen zum Verhaltenstraining (Digitalisierung der handschriftlich erfassten Daten)

Was	Wann	Wer	Bemerkung
15 Minuten früher aufstehen um zu Frühstücken (Stimmuluskontrolle)	Ab sofort	Meine Frau und ich	Regelmäßige Mahlzeiten, damit eventuelle Nahrungskarenzen ausgeglichen werden können
Essen für die Arbeit am Vorabend vorbereiten (Stimmuluskontrolle)	Jeden Abend, ab sofort	Meine Frau und ich	Essen mitnehmen, das ausgewogen ist und schmeckt – regelmäßige Mahlzeiten
Zwei gemeinsame Kochtage mit der Frau festlegen wo ausgewogen gekocht wird (Stimmuluskontrolle)	Ab dem nächsten Einkauf	Meine Frau und ich	Gemeinschaftliche Aktivität und gleichzeitig ausgewogen kochen – langsam essen, gründlich kauen usw.
Gemeinschaftliche Ausflüge auf Erzeugermärkte und Bauernhöfe (Selbst- und Fremdverstärkung)	Ab nächstem Samstag	Meine Frau und ich	Ernährung dient nicht nur der Nahrungsaufnahme sondern ist ein Lebensgefühl und wird in Zukunft unser Hobby
Rezeptzusammenstellung als Vorlage für den Wocheneinkauf (Selbstbeobachtung)	Ab morgen	Meine Frau und ich	Einkaufsliste zum Wochenbeginn schreiben für das Essen der gesamten Woche. Aufschreiben wann gegessen wird, was gegessen wird und wie viel sowie das Befinden bei der Nahrungsaufnahme
Regelmäßig sportliche Aktivität mit meiner Frau (Selbst- und Fremdverstärkung)	2 x die Woche jeweils 1 Std. Ab nächster Woche	Meine Frau und ich	Fitnessstudio. Wieder sportlich sein, damit ich dann auch bald mit meine Freunde und Kollegen konkurrieren kann

2.4 Maßnahmenplan zur Rückfallprophylaxe

Tab. 4:   Maßnahmen zur Rückfallprophylaxe (Digitalisierung der handschriftlich erfassten Daten)

Was	Wann	Wer	Bemerkung
Vorbereitung auf Risikosituationen (Flexible Esskontrolle)	Ausrutscher sind „normal" und können passieren	Ich	Das kognitive Verhaltensmuster wird im Vorfeld mit dem Klienten durchgespielt, damit er entsprechend mental für eine solche Situation gerüstet ist
Nachsorge per Telefon (während und nach der Beratung)	Nach Ausrutschern oder in sog. Notfallsituationen	Ich	Der Coach ist per Handy zu bestimmeten Zeiten erreichbar. 10-12 Uhr montags bis samstags
Belohnung mit Wein am Samstag bei Zielerreichung (Stimmuluskontrolle + Belohnung)	Ab nächster Woche – jeden Samstag	Meine Frau und ich	Die Häufigkeit für Weinkonsum wird automatisch reduziert. Außerdem wird der Samstagabend (Weinabend) als Belohnung angesehen.
Anmeldung der Frau im Fitnessstudio (Soziale Unterstützung)	2x / Woche einen festen Kurs - Termine werden fest am Anfang der Woche vereinbart.	Meine Frau und ich	Feste Termine werden meistens eingehalten und Unternehmungen zu zweit haben den Vorteil der gegenseitigen Motivation

3 Darstellung einer Coaching Sitzung

3.1 Erläuterung Coachinghaltung

Grundlegend für jegliche Form der Gesprächsführung eines Coachs mit seinem Klienten ist die bedingungslose Wertschätzung, Empathie und Echtheit des Coachs ihm gegenüber. Mit Echtheit ist gemein, dass der Berater dem Klienten und gegenüber sich selbst ehrlich ist und den Beratungsprozess transparent gestaltet. Der Coach versucht sich dabei empathisch in den Klienten hin einzufühlen und ihn zu verstehen. Damit das möglich ist, muss der Coach seinen Klienten bedingungslos akzeptieren und wertschätzen (Pieter und Brieske, 2013, S.167-169).

Eine der Techniken die der Coach beim klientenzentrierten Gespräch anwendet ist das aktive Zuhören. Dabei achtet er darauf, dass seine Körpersprache und seine Mimik zu jeder Zeit signalisieren, dass er aufmerksam zuhört. Ergänzend fragt er interessiert nach oder fasst Dialoge zusammen. Er lässt den Klienten aussprechen und unterbricht ihn nicht (Pieter und Brieske, 2013, S.174-175). Damit das Gespräch eine bestimmte Richtung annimmt, gibt der Coach Rückmeldungen. Diese Technik gibt dem Gespräch Struktur und lenkt den Klienten fragend auf ein Thema zurück oder hilft ein Thema abzuschließen um ein neues Thema zu beginnen. Auch kann der Coach mit Hilfe dieser Technik Unklarheiten klären und hilft dem Klienten mit konstruktiver Kritik zu motivieren (Pieter und Brieske, 2013, S.175-176). Eine weitere Technik die der Coach verwendet ist das Stellen von „günstigen Fragen" (Pieter und Brieske, 2013, S.178). Diese zeichnen sich dadurch aus, dass sie den Klienten ermutigen über seine Gefühle und sein Verhalten zu berichten. Ungünstige Fragen sollten jedoch vermieden werden. Dabei handelt es sich um Suggestivfragen wie zum Beispiel: *„Sie würden doch auch gerne wieder etwas attraktiver sein."* oder Fragen mit „warum": *„Warum haben Sie Ihre letzte Diät abgebrochen"*. Diese Art der Fragestellung kann dazu führen, dass der Klient die Motivation verliert oder sogar eine Abwehrhaltung gegenüber dem Berater aufbaut (Pieter und Brieske, 2013, S.178-179). Zusätzlich ist es in der Gesprächsführung wichtig, dass der Coach nicht nur pragmatisch die Ziele des Klienten erfasst, sondern auch dessen emotionale Bewertung der Situation und seiner Ziele versucht einzuschätzen. Dies macht er indem er das Gespräch mit dem Klienten empathisch spiegelt. Dabei fragt der Berater gezielt nach dem Empfinden des Klienten in bestimmen Situation oder in Bezug auf seine Wünsche. Auch die nonverbalen Botschaften des Klienten werden dabei verbalisiert und befragt. So fragt der Coach zum Beispiel bewusst nach, wenn der Klient geknickt wirkt oder traurig aussieht (Pieter und Brieske, 2013, S.172-173).

3.2   Coaching Sitzung Goal - Praxisbezogen

Die ausgewählte Sitzung beschreibt die Phase des „Goals" mit dem eingangs beschriebenen Klienten. Ziel der Sitzung ist es, dass am Ende ein Endziel sowie mehrere Prozessziele vom Kunden definiert sind.

Die Sitzung beginnt mit der Begrüßung. Dadurch, dass der Klient und der Coach sich bereits kennen, sind beide per „Du". Es wird der Ablauf der Sitzung und grob die Zusammenarbeit für die nächsten Tage besprochen. Es wird von Seiten des Coachs eine Zeitvorgabe von 1,5 Stunden vorgegeben. Anschließend erkundigt sich der Coach zum allgemeinen Befinden des Klienten. Er achtet dabei immer darauf, dass er innerhalb der Gesprächsführung empathisch auf den Klienten eingeht und ihm das Gefühl vermittelt, dass dieser von ihm wertgeschätzt wird. Der Blickkontakt wird während des gesamten Gesprächs aufrechterhalten. Der Coach lässt den Klienten aussprechen und unterbricht ihn nicht.

Als nächster Schritt fragt der Coach den Klienten womit er unzufrieden ist und was er gerne für sich in der nächsten Zeit erreichen möchte. Der Klient schildert ihm, dass er in den letzten 4 Jahren 8 Kg zugenommen hat und er sich aktuell immer schlapp, müde und antriebslos fühl. Zusätzlich hat er die Freude am Essen verloren. Essen ist für ihn aktuell nicht mehr als nur eine Nahrungsaufnahme. Er erhofft sich von den Sitzungen mit dem Coach, dass er ihm hilft seine Ernährung umzustellen und sein Leben so zu verändern, dass er sich wieder mit Genuss ausgewogen ernährt.

Im nächsten Schritt fragt der Coach gezielt nach den Zielen des Klienten. Der Klient erzählt sein Ziel ist es die 8 Kg wieder abzunehmen und in 15 Wochen mit seinen Freunden auf eine Segelregatta in Südfrankreich zu gehen und dafür fit zu sein. Er möchte dann auch von seinen Freunden hören wie gut er abgenommen hat.

Um den Klienten dauerhaft zu motivieren achtet der Coach dabei, dass die Ziele des Klienten „SMART" (Whitmore, 1994; zitiert nach Pieter und Brieske, 2013, S.208) formuliert sind. Das bedeutet, dass sie erreichbar sind und motivierend auf ihn wirken. Dabei stellt der Coach gezielte Fragen um den Klienten zu unterstützen bei der „SMART'en" Zielformulierung. Wichtig ist es dass der Klient durch die Zielsetzung nicht eine Mehrbelastung im Alltag erfährt sondern der Zugewinn an Lebensqualität im

Vordergrund steht. So sind die durch den Klienten definierten Prozessziele eine Speise/Getränk zu sich zu nehmen die ihm Freude macht und ein wöchentlicher Gewichtsverlust von 0,5 Kg zu erreichen.

Folgende Ziele wurden vom Klienten formuliert und vom Coach schriftlich festgehalten:

<u>Endziel</u>: *„Am 15.06.2015 (in 15 Wochen) fahre ich mit meinen sportlichen Jungs auf Segelregatta nach Südfrankreich und werde bis dahin 8 Kilogramm abnehmen damit ich körperlich/äußerlich mithalten kann."*

<u>Prozessziel</u>: *„Ich werde meine Ernährung umstellen und 0,5 Kilogramm pro Woche abnehmen indem ich täglich frische Produkte zu mir nehme bis ich in 15 Wochen mein Zielgewicht erreicht habe. Ich werde mich immer samstags morgens wiegen und bei Erreichung von mindestens 0,5 Kilogramm/Woche werde ich mich belohnen indem ich eine tolle Flasche Wein am Abend mit meiner Frau trinke."*

Nachdem das Endziel und Prozessziel erarbeitet wurden, wird das Ergebnis nochmals vom Coach auf einem DIN A3 Plakat aufgeschrieben und immer für die bevorstehenden Sitzungen bereitgestellt. Auch der Klient bekommt sein Endziel und seine Prozessziele in form eines Handouts aufgeschrieben und darf dieses mit nach Hause nehmen.

Am Ende der Beratungssitzung „Goal" verabschieden sich beide Parteien und vereinbaren in 3 Tage die nächste Sitzung.

3.3 Darstellung der Gesprächspassagen – Praxisbezogen

Tab. 5:   Gesprächspassage Goal (Digitalisierung der Tonaufnahme)

<table>
<tr><td>.....</td></tr>
<tr><td>

Coach: Wie fühlst du dich? Bist du fest entschlossen was an deinem Leben zu ändern?

Klient: Ich bin schon etwas aufgeregt, obwohl ich dich kenne (Klient lacht). Ich wollte das schon länger machen aber es hat ja nie geklappt... Ich freu mich aber, dass wir das jetzt angehen können.

Coach: Ich freu mich aber auch, dass du zugesagt hast. Ich hatte aber auch nicht gedacht, dass du so dringend etwas unternehmen willst... Das tut mir leid.

Womit bist den eigentlich unzufrieden?

Klient: Ich weiß auch nicht.... Du weißt ja, ich habe doch vor 4 Jahren angefangen zu arbeiten und seitdem nehme ich von Monat zu Monat zu. Mittlerweile sind es 8 Kilo. Um ehrlich zu sein weiß ich gar nicht warum genau! Na klar, natürlich habe ich jetzt mehr Stress und esse ab und zu schnell und ungesund aber dafür esse ich jetzt viel weniger als früher.

Coach: Das verstehe ich – darauf werden wir auch nochmal zurückkommen warum das so

</td></tr>
</table>

ist. Weniger essen heißt nicht automatisch weniger wiegen. Gibt es noch andere Sachen die dich belasten?

Klient: Ach weißt du, ich könnte dir stundenlang über meine Probleme reden. Ich fühl mich in letzter Zeitschlapp, müde, ich habe keine Lust zu GAR NICHTS! Am liebsten gehe ich nach Hause und trinke meinen Wein. Für was anderes habe ich Momentan sowieso keine Kraft.

Coach: Das glaube ich dir, ist ja auch nicht gerade ein einfacher Job den du da machst. Ich kann mir gut vorstellen, dass die Probleme und Krankheiten deiner Patienten dich sehr belasten und du viel davon mit nach Hause nimmst.

.....

.....

Coach: So ▮▮▮▮▮▮ was möchtest du genau erreichen bei mir?

Klient: Ich würde gerne wieder die 8 Kilo abnehmen die ich in den letzten Jahren zugelegt habe und das so schnell wie möglich!

Coach: Wenn du sagst „so schnell wie möglich" gibt es eine bestimmte Zeitvorgabe bis wann du dein Ziel erreichen willst?

Klient: Ja, du weißt ja vielleicht, dass wir Mitte Juni auf eine Segelregatta nach Südfrankreich fahren und da möchte ich top aussehen! (Klient lacht)

Coach: Stimmt ja – das wird ja was.... Freust du dich darauf?

Klient: Ja natürlich! Männerurlaub auf dem See (Klient lacht)

Coach: Ist das der einzige Grund warum du abnehmen möchtest? Gibt es noch andere wichtige Ziele?

Klient: Es wäre schön wenn ich wieder so fit bin, dass meine Frau und ich mehr gemeinsam unternehmen können. Wir haben erst vor kurzem zwei Mountainbikes gekauft und möchten gerne damit lange Touren fahren...

Coach: Was hat euch vom fahren abgehalten?

Klient: Ich habe mich bisher nie fit genug dafür gefühlt. Ich liege momentan lieber auf der Couch als mich körperlich zu betätigen.

Coach: Wir haben jetzt Ende Februar ▮▮▮▮▮▮, die acht Kilo bis Mitte Juni sind auf jeden Fall realistisch. Dass ihr bereits Mountainbikes gekauft habt, ist schon ein sehr guter Ansatz.

.....

4 Ergebnisbewertung und Schlussfolgerungen

Schon nach den ersten 4 Sitzungen welche nach dem GROW-Modell ausgerichtet waren, war der Klient sehr motiviert und sehr reflektiert. Bedingt durch seinen Beruf als Arzt bringt er im Vorfeld schon ein hohes Wissen bezüglich gesunder Lebensweise und Ernährung mit. Viele seiner Kollegen und Freunde sind schlank und machen Sport, so dass der Leidensdruck etwas an seinem Leben zu ändern zu wollen von vornherein sehr hoch war. Auch sein täglicher Umgang mit Patientin die häufig an den Folgen einer ungesunden Lebensweise erkranken machen ihm täglich klar, dass eine Veränderung erfolgen muss. Die Einschätzungen zu seiner Situation und seine Fähigkeiten darauf Einfluss zu nehmen, sieht er sehr realistisch. Scheinbar hat er sich schon im Vorfeld viele Gedanken zu diesem Thema gemacht. Lediglich bei der Phase OPTIONS im Rahmen der Besprechung der Arbeitsbelastung und der entsprechenden zusätzlichen zeitlichen Belastung die durch die Veränderungen der Ernährungs- und Lebenssituation erfolgen soll, stieß der Coach regelmäßig auf Widerstand. Auf die Frage jedoch hin welche Hobbys der Klient hat und ob er sich vorstellen könnte diese Ernährungsumstellung zu seinem Hobby zu machen, war Klient in der Lage entsprechende Optionen für seine Lebenssituation zu definieren. Weiterhin als Belastung und unkalkulierbarer Faktor sind die langen Operationen, die teilweise bis zu 10 Stunden am Stück gehen. In dieser Zeit kann der Klient zwangsläufig nichts an seiner Ernährungsweise ändern. Jedoch konnte der Coach ein entsprechendes Ernährungskonzept für den Chirurgen erstellen. So werden im Vorfeld viele komplexe Kohlenhydrate vor den Operationen verzehrt und im Anschluss an die Operation gibt es ein Essen welches sich der Klient am Morgen vorher vorbereitet hat. Es kann insgesamt gesagt werden, dass der Klient eine sehr hohe Compliance besitzt.

Im Rahmen des GAP zeigt der Klient eine hohe Zufriedenheit gegenüber den bisher erreichten Ergebnissen. Dabei fällt dem Coach insbesondere auf, dass nicht die Gewichtsreduktion, sondern das neu dazugewonnene Lebensgefühl der entscheidende Faktor für die Zufriedenheit des Klienten ist. Die Beziehung zu seiner Frau ist durch die vielen gemeinschaftlichen neuen Interessen und Beschäftigungsmöglichkeiten viel ausgeglichener und intensiver als zuvor. Auch traut sich der Klient jetzt mit seinen Kollegen ab und an Sport und Fahrradtouren zu machen. Im Vorfeld hatte er immer Angst sich dabei vor ihnen zu blamieren. Es kann also zusammengefasst gesagt werden, dass der Klient durch seine Lebensumstellung beruflich als auch privat Erfolge verzeichnen kann. Das motiviert den Klienten umso mehr weiterzumachen.

Insgesamt waren die Gespräche zwischen dem Klienten und dem Coach sehr angenehm, da beide sich schon lange kennen. Persönliche Fragen konnten ohne große Barrieren gestellt werden und wurden auch immer ehrlich beantwortet. Lediglich wie bereits erwähnt bei dem Gespräch über die Arbeitsbelastung des Klienten kam es zu einer erheblichen Abwehrhaltung. Dies war schwierig für den Berater, da es ihm nicht möglich war den Stress des Klienten vollständig einzuschätzen. Jedoch durch gezieltes Fragen war es letztendlich doch möglich den Klienten dazu zu bewegen Lösungsansätze zu seiner Situation zu entwickeln.

<u>Zum Ablauf der Sitzungen – Vorbereitungen, verwendete Arbeitsmittel und Methodik:</u>
Vor jeder Sitzung hat der Coach einen Ablauf zusammengestellt und konnte sich fast immer daran halten. Alle Sitzungen fanden entweder beim Klienten oder bei dem Coach Zuhause statt. Da der Klient und der Coach befreundet sind, saßen sie dabei immer am großen Esstisch gegenüber um die Authentizität und Ernsthaftigkeit des Gesprächs zu bewahren. Lediglich der Eingangsgespräch mit Anamnese sowie die Ermittlung der biometrischen Daten fanden auf der Arbeitsstelle des Coachs (easylife Therapiezentrum für Gewichtsreduktion) statt. Grund dafür ist die vorhandenen medizinische Ausstattung (Blutdruckmessgerät, BIA- Bioelektrische Impedanz Analyse). Alle Sitzungen wurden mittels Tongerät aufgenommen (Einverständnis des Klienten wurde zuvor eingeholt). Notizen während der Sitzungen wurden handschriftlich vom Coach gemacht. Somit hatte der Coach die perfekten Voraussetzungen die vergangene Sitzung nochmal Revue passieren zu lassen und wichtige Auszüge des Gesprächs (eventuell auch verloren gegangene Informationen) zu vermerken. Informationen und Ideen wurden mittels Zurufabfrage des Coachs gesammelt und auf bunten Karten aufgeschrieben. Dabei diente der große Esstisch sowohl beim Coach sowie beim Klienten als Moderationstisch. Alle Karten wurden sichtbar aufgelegt und die Übersicht war gegeben.

<u>Allgemeine Schlussfolgerung des Coachs:</u>
Auf der Arbeitsstelle des Coachs sieht das Konzept vor, die Anamnese und das Eingangsgespräch bis zur Erstellung eines Ernährungsplans innerhalb von 3 Stunden durchzuführen. Danach werden die Klienten während der Gewichtsreduktionsphase nahezu täglich und nach erreichen des Zielgewichts noch weitere 9 Monate lang min-

destens einmal im Monat betreut. Der Coaching Prozess mit dem mit GROW-Modell war dementsprechend eine Herausforderung für den Coach da er die „langen Pausen" zwischen den einzelnen Phasen nicht gewöhnt ist. Jedoch ist dem Coach aufgefallen, dass für den Fall einer späteren eigenen Ernährungsberatungspraxis (ohne vorgegebenes Konzept) sich diese Methode des GROW-Modells sehr gut eignet einem Klienten ganzheitlich und nachhaltig zu einem gesünderem und glücklichem Leben zu verhelfen. Die Auseinandersetzung mit den Problemen die ursprünglich für die Gewichtszunahme sind, erscheinen dem Coach bei diesem Modell wesentlich intensiver zu sein. Vor allem da der Klient dazu ermutigt wird selbständig seine Probleme zu lösen, statt ihm die Problemlösungen auf zu diktieren, nimmt der Patient die Ernährungstipps wesentlich besser an. Allerdings muss erwähnt werden, dass der Coach zum ersten Mal mit diesem Modell gearbeitet hat. Hinzukommt, dass durch das freundschaftliche Verhältnis, zwischen Klient und Coach, Ratschläge wesentlich mehr Gewichtung haben als bei einer fremden Person. Somit ist abzuwarten, ob die Handhabung des GROW-Modells und auch die Ergebnisse bei einer größeren Stichprobe an Klienten sich gleichermaßen verhält.

5 Literaturverzeichnis

Israel, S. & Fikenzer, S. (2013). *Studienbrief Medizinische Grundlagen.* Saarbrücken: Deutsche Hochschule für Prävention und Gesundheitsmanagement.

Luppa, D. (2014). *Studienbrief Ernährung I.* Saarbrücken: Deutsche Hochschule für Prävention und Gesundheitsmanagement.

Pieter, A. (2013). *Studienbrief Kommunikation und Präsentation.* Saarbrücken: Deutschen Hochschule für Prävention und Gesundheitsmanagement. Saarbrücken

Pieter, A. & Brieske, A. (2013). *Studienbrief Ernährungspsychologie.* Saarbrücken: Deutsche Hochschule für Prävention und Gesunheitsmanagement.

Whitmore, J. (2006). *Coaching für die Praxis. Wesentliches für jede Führungskraft. (1. Aufl.).* Staufen: Allesimfluss.

Schneider, T., Wolcke, B. & Böhmer, R. (2010). *Taschenatlas Notfall & Rettungsmedizin* (4. Aufl.). Berlin Heidelberg: Springer.

6　Abbildungs- und Tabellenverzeichnis

6.1　Tabellenverzeichnis

Anhang

Bluthochdruck

Tab. 6: Blutdruckklassifikation der American Heart Association (American Heart Association; zitiert nach Israel & Fikenzer, 2013, S. 173)

Wertung	Systolischer Blutdruck	Diastolischer Blutdruck
Normblutdruck (Normotonie)		
Optimal	unter 120 mmHg	unter 80 mmHg
Normal	unter 130 mmHg	unter 85 mmHg
Hochnormal	130-139 mmHg	85-89 mmHg
Bluthochdruck (arterielle Hypertonie)		
Stufe 1	140-159 mmHg	90 – 99 mmHg
Stufe 2	160-179 mmHg	100 – 109 mmHg
Stufe 3	>180mmHg	>110 mmHg

Taillenumfang

Tab. 7: Taillenumfangs nach International Diabetes Federation (International Diabetes Federation, 2005; zitiert nach Luppa, 2014, S. 230)

Taillenumfang (cm)	Erhöhtes Risiko für Herz-Kreislauf-Erkrankungen
Männer	> 94 cm
Frauen	> 80 cm

BMI

Tab. 8: Klassifikation BMI nach WHO (WHO, 2000; zitiert nach Luppa, 2014, S. 227)

Kategorie	BMI (kg/m^2)
Untergewicht	< 18,5
Normalgewicht	18,5 – 24,9
Übergewicht	25,0 – 29,9
Adipositas Grad I	30,0 – 34,9
Adipositas Grad II	35,0 – 39,9
Adipositas Grad III	> 40

Körperfettanteil

Tab. 9:   Klassifikation des Körperfettanteils nach Gallagher, D., Heymsfield, S. B., Heo, M., Jebb, S.
A., Muratroyd, P. R. & Sakamoto, Y. (Gallagher, D., Heymsfield, S. B., Heo, M., Jebb, S. A.,
Muratroyd, P. R. & Sakamoto, Y. 2000; zitiert nach Luppa, 2014, S. 224)

Alter	KFA Frauen				KFA Männer			
(Jahre)	niedrig	normal	hoch	Sehr hoch	niedrig	normal	hoch	Sehr hoch
20-39	< 21%	21 - 33%	33 - 39%	≥ 39%	< 8%	8 - 20%	20 - 25%	≥ 25%
40-59	< 23%	23 - 34%	34 - 40%	≥ 40%	< 11%	11 - 22%	22 - 28%	≥ 28%
60-79	< 24%	24 - 36%	36 - 42%	≥ 42%	< 13%	13 - 25%	25 - 30%	≥ 30%

Ruhepuls

Tab. 10:   Klassifikation des Ruhepulses für Erwachsene (Schneider, Wolcke & Böhmer, 2010, S. 559)

Altersstufe (>18 Jahre)		Herzfrequenz (Schläge/min)
Niedrig		unter 60
Normal		60 – 80
Hoch		über 80